AF370923

PETIT

TRAITÉ PRATIQUE

SUR

LA CULTURE DES ABEILLES.

Se trouve chez ESCALLE et C.ie Libraires
à Lons-le-Saunier, au prix de 5o cent.es

PETIT

TRAITÉ PRATIQUE

SUR

LA CULTURE DES ABEILLES,

PAR JEAN FARDET,

ÉLÈVE DE M. LOMBARD, ET PROFESSEUR AU RUCHER DÉPARTEMENTAL DU JURA, SITUÉ A CHAMPAGNY, PRÈS SALINS.

LONS-LE-SAUNIER,

IMPRIMERIE DE FRÉDÉRIC GAUTHIER.

M,DCCC,XXVII.

PRÉFACE.

Les ouvrages trop volumineux et trop chers
que nous ont donnés d'illustres et modestes
savans sur la culture de l'abeille, n'étant point
et ne pouvant en quelque sorte être du do-
maine des agriculteurs propriétaires d'abeilles,
j'ai pensé qu'un petit recueil d'observations
annuelles que M. Lombard, de glorieuse mé-
moire, m'a fait faire, et de celles que j'ai
faites moi-même par un travail suivi, pourront
suffire au grand nombre qui ignore les premiers
principes du gouvernement d'un rucher.

Je vais donc, dans cette pensée, essayer de
faire connoître ce que c'est que l'abeille;
comment elle compose un essaim, en se mul-
tipliant; de quelle manière il convient de le
placer dans une habitation, et les soins qu'il
demande.

Dans la suite, je joindrai à cet ouvrage le résultat de mes nouvelles expériences et d'autres détails utiles que les bornes que je me suis prescrites aujourd'hui ne me permettent pas d'insérer ici.

PETIT
TRAITÉ PRATIQUE

SUR

LA CULTURE DES ABEILLES.

ON distingue dans un essaim trois sortes d'abeilles : la mère, les faux-bourdons et les ouvrières; la mère que l'on nomme vulgairement reine est de la grosseur d'une abeille ouvrière et une fois plus longue; elle a les ailes courtes, les pattes serrées et rougeâtres comme tout le corps; elle a un dard un peu courbe; sa tête est petite, et elle est moins duvetée que les autres.

L'abeille ouvrière compose en quelque sorte tout l'essaim; les faux-bourdons ou les mâles n'y sont que temporairement et en petit nombre; on les appelle faux-bourdons, pour les distinguer des bourdons qui sont répandus dans les airs; vulgairement on les appelle couveuses. Quelques personnes croient qu'ils couvent le miel pour en faire éclore des abeilles. Un essaim ne sort que composé de ces trois sortes d'abeilles, en sorte qu'à l'époque de l'essaimage on peut les distinguer très-facilement; la mère même se trouve quelquefois très-visible à cette saison; souvent chargée du poids de ses œufs qu'elle n'a pas pondus avant le départ de l'essaim, elle se repose sur le premier arbre à proximité, ou tombe même sur la terre; si elle vient à périr, l'essaim rentre dans la ruche-mère ou se disperse. La reine est l'âme de la ruche; quand elle manque, tous les travaux cessent, la famille tout entière s'anéantit: aussi la nature a-t-elle donné à cet insecte reine l'instinct de sa conservation : dans

toute rencontre, elle cherche à éviter les dangers ; elle
se tient ordinairement au centre de sa république et
quoiqu'armée d'un aiguillon, elle n'en fait point usage;
j'en ai tenu plusieurs dans ma main, sans que jamais aucune m'ait piqué; on diroit qu'elle craint la
mort qui seroit une suite nécessaire de l'usage qu'elle
feroit de son arme. Dans une ruche vitrée, celle de M.
Hubert de Genève, première ruche d'expérience où il
est facile d'observer la reine, je la vis pondre en 1821:
dans quinze minutes elle pondoit dix œufs; le troisième
jours de la ponte, ses œufs étoient en larve; alors les
abeilles commencent à porter dans les alvéoles la bouil-
lie destinée à la nourriture de ces jeunes vers; cette bouil-
lie est un composé de ce polène mielleux que les abeilles
apportent à leurs pattes, qu'elles prennent dans le calice
des fleurs, et d'une grande partie d'eau nécessaire pour
délayer cette substance farineuse que les anciens prirent
long-temps pour de la cire brûte. La larve, ainsi nour-
rie pendant une dixaine de jours, ayant pris assez de
force pour se filer une enveloppe, les ouvrières bouchent
l'extrémité supérieure des alvéoles avec une pellicule en
cire assez mince pour que la nymphe puisse, au terme
de son parfait accroissement, la briser. Cette ouverture
se fait ordinairement le vingtième jour; la chaleur peut
faire varier ce terme.

Comme il y a des pays où les abeilles n'essaiment
pas bien et d'autres où elles essaiment trop, je vais
dire ce qui convient pour les uns et pour les autres.
D'abord, pour avoir des essaims, il ne faut pas mettre
de grandes ruches; les ruches en bois ne valent pas
celles en paille pour cela, et il faut avoir soin de
toujours rajeunir la cire; une chose nécessaire encore,
c'est que les ruches soient au soleil tous les printemps,
du moins jusqu'à la sortie des essaims; mais il faut que
toutes puissent les tenir à l'ombre dans l'été, surtout
dans les grandes chaleurs. Je dirai ci-après la manière
de construire les ruches. Pour les pays où elles essaiment
bien, le meilleur est d'avoir toujours de bonnes et fortes

ruches; il ne faut pas avoir peur de leur mettre de plus grandes ruches et de doubler tous les seconds essaims; il est reconnu qu'un essaim de quatre mille abeilles ne fera qu'un quart de l'ouvrage d'un de huit mille. Voici la manière de les doubler avec les ruches d'une seule pièce; peu importe qu'ils ne soient pas sortis du même jour : on reçoit l'essaim dans une ruche quelconque, et le soir, à la nuit tombante, on étend un linge à terre, on prend la ruche dont on veut réunir les mouches, et, d'une bonne secousse, on fait tomber toutes les abeilles sur le linge. Une autre personne pose vîte l'autre ruche dessus, elles se mêlent promptement; dans la nuit elles tuent une reine, le lendemain matin on les remet à leur place et elles travaillent bien. Pour ceux qui ont un assez grand nombre de ruches, le meilleur seroit de faire manquer les seconds et troisièmes essaims; pour cela il y a plusieurs manières, la première est la plus sûre. Dès le même jour que l'on a eu des premiers essaims, si l'on voit qu'ils ne soient pas bien forts, c'est un signe que la ruche veut donner plusieurs essaims; alors il faut la renverser sens dessus dessous et avec un peu de fumée on écarte les abeilles pour voir les cellules de reine qui ne sont pas encore écloses et qui doivent rester dans la ruche pour la repeupler; alors je les ôte, et la reine qui, déjà en activité, devoit conduire le second essaim, se voyant seule dans la ruche, ne se dispose plus à sortir. Il faut observer que ce sont toujours les vieilles reines qui sortent avec l'essaim, et que la ruche se trouve toujours forte. Le second moyen, c'est de veiller exactement pour voir sortir les seconds essaims, et si l'on aperçoit la reine, il faut la prendre, et toutes les abeilles retourneront à leur ruche; mais cela ne vaut pas la première manière, parce que l'on détruit la meilleure reine. Très-souvent les jeunes reines ne sont pas fécondées à temps, et elles ne pondent que des œufs de mâles; cela arrive surtout aux ruches qui ont donné plusieurs essaims; elles se dépeuplent alors et sont au pillage peu de temps après. Pour les premiers

★

et forts essaims qui se mêlent, c'est une pure perte ; il
est bien aisé d'empêcher ce mélange : ils ne sortent pas
tout à la fois; sitôt un essaim sorti il faut vîte le mettre
dans une ruche, et s'il en sort un autre, on porte le
premier à l'abeiller, et ils ne se mêlent pas. C'est une
grande erreur de laisser les essaims long-temps avant
de les mettre dans la ruche ; c'est ce qui cause souvent
la fuite des abeilles; ou elles croient que leur maître les
abandonne, ou elles ne se trouvent pas bien : tourmen-
tées par l'air ou la chaleur, elles se relèvent et vont
chercher un autre asile. Quant aux essaims que l'on
n'a pu empêcher de se mêler, il faut vîte les puiser dans
deux ou trois ruches, en mettant un peu dans l'une un
peu dans l'autre, et rapprocher ces ruches; si les reines
sont séparées, les abeilles sauront bien aller chacune à
leur mère, et si elles sont toutes dans la même ruche,
les mouches y retourneront toutes. M. Lombard nous
avoit dit qu'il falloit pour cela attendre le soir, les
secouer sur un drap et vîte poser plusieurs ruches dessus, et même des verres si l'on voyoit se former de
petits grouppes d'abeilles, que les reines pourroient se
trouver séparées en remontant dans plusieurs ruches.
Mais cette année l'on est venu me chercher pour séparer
trois essaims qui étoient mêlés, on les avoit mis dans
deux ruches; je les ai soulevées pour voir si elles avoient
chacune une reine, et j'ai aperçu de suite, dans une, un
petit peloton d'abeilles bien serré dans le bas du grouppe;
je les ai écartées pour voir la reine que je présumois
qu'elles tenoient, et en effet, j'ai trouvé la reine à demi-
morte; c'est pourquoi je conseille de ne pas attendre au
soir, parce que les reines seroient déjà tuées. Ce sont
les abeilles ouvrières qui tuent les reines surnuméraires,
et non point les mères qui se battent ensemble comme
plusieurs auteurs le disent; je le répète encore, les essaims
ne s'échappent souvent que par la faute des propriétaires. Il est des personnes qui mettent des ruches vieilles,
mal-propres et ayant mauvaise odeur, les abeilles les
quittent et fuient : il faut donc les ramasser de suite.

C'est ce que l'on faisoit à Paris, et je n'ai point vu partir d'essaims pendant deux ans que j'y suis resté.

La capacité des ruches doit être proportionnée à la force des essaims; il est reconnu qu'un petit essaim dans une grande ruche ne fera rien, languira et périra, au lieu que s'il est dans une petite ruche, il s'hivernera, et l'année suivante, on pourra lui remettre une hausse pour qu'il se renforce. Mes ruches, en plusieurs parties, sont bien plus commodes que celles d'une seule pièce; chacun en voit bien l'avantage. Tous ceux qui sont venus voir mon rucher en voudroient avoir; mais, dit-on, elles coûtent trop, elles ne pourroient pas s'adapter à notre rucher, on ne sait pas les faire; cependant cela viendra petit à petit; c'est encore dans les grandes chaleurs que l'on en voit l'avantage. C'est pitié de voir ces ruches d'une seule pièce, et les abeilles presque toutes dehors, sans pouvoir travailler. On leur met des capotes, dit-on, mais cela ne suffit pas; il fait trop chaud pour passer au travers de leur ruche; plus encore, cela donneroit une plus forte chaleur qui feroit couler le miel et tomber les rayons. Les pauvres bêtes! ne semblent-elles pas demander de la place par le bas, quand elles font des rayons sous leur tablier? J'ai vu des ruchers où plus de la moitié des ruches avoient travaillé au-dehors. Je mets des capotes par-dessus pour avoir de beau miel, et une hausse par le bas pour occuper les ouvrières qui ne pourroient pas venir dans le dessus à cause du trop grand nombre et de la chaleur; il y a de fortes ruches qui donneroient la moitié plus de produit, si elles avoient la place convenable.

Mais je reviens aux opérations de mon cours. Dans les premiers jours il faisoit mauvais, l'on ne pouvoit rien faire; cependant, le vingt-cinq mai, plusieurs messieurs et propriétaires d'abeilles y ont assisté. J'ai visité plusieurs ruches pour voir si elles vouloient donner des essaims, j'ai vu qu'il y avoit beaucoup de couvain, ce qui est déjà un signe qu'elles essaimeront, et j'ai fait observer plusieurs cellules royales commencées

ce qui m'a décidé à retarder de faire des essaims artifi-
ciels. Il est facile de voir les cellules ou alvéoles de reines dans mes ruches : elles sont presque toujours dans
le bas des capotes; elles pendent perpendiculairement
dans les trous de communication de la planchette à la
ruche; elles les placent ainsi pour qu'elles reçoivent pour
ainsi dire toute la chaleur de la ruche. Tout en soule-
vant ma capote, je vois tout ce qui se passe au dedans;
puis, comme je l'ai dit, sitôt mon premier essaim sorti,
je lève le couvercle, et si je vois encore des cellules de
reines à éclore, je les prends, et le second essaim est
manqué. On nomme cellule au lieu d'alvéole, parce
qu'il y a cent fois de la cire comme à un alvéole ordi-
naire. Après cette opération, j'ai encore visité une ruche
que je voyois depuis quelques jours dans l'inaction,
j'ai remarqué de suite qu'il y avoit du couvain péri et
en pourriture; j'ai fait observer que les abeilles ne pou-
voient pas s'en débarrasser parce qu'il n'étoit pas encore
en état de nymphe, et qu'il étoit facile de voir quand
il y en avoit; les alvéoles du bon couvain sont bouchés
avec une petite pellicule de cire un peu bombée et d'une
couleur jaune, au lieu qu'aux mauvais elle est platte
et d'un brun sâle. Cela arrive dans les derniers froids qui
surviennent après des temps chauds; le couvain se trou-
vant déjà presque tout au travers de la ruche, s'il sur-
vient des nuits froides et des gelées, les abeilles sont
obligées de se resserrer dans le milieu de leur ruche pour
se tenir chaudement; et s'il y a des gâteaux de couvain
à découvert, ils périssent, et même si les mouches ne
sont pas en nombre suffisant pour maintenir la chaleur
nécessaire au couvain, le couvain périt tout au travers
de la ruche. Pour parer à cela, il faut, dans les nuits
froides, bien boucher, ne laisser qu'un petit trou pour
donner de l'air surtout aux foibles. Ceux qui n'ont pas
de bons ruchers bien abrités, doivent couvrir les ruches
avec des habits de laine, ou du regain, ou de la mousse
bien sèche; il en est qui employent de la mousse pour
tout l'hiver, cela tire l'humidité; je dirois bien qu'il faut,

dans ce cas, les porter dans une chambre; mais cela n'est pas à la portée de bien du monde. Et encore si les abeilles ont besoin qu'on leur donne à manger, il ne faut pas leur donner en dehors de la ruche, parce que les mouches en sortant se refroidissent et se perdent, et c'est alors que le couvain est en danger. Je dirai ci-après la manière de leur donner à manger, je crois que cela n'est pas inutile à rapporter, car il s'agit d'un point essentiel. Je suis étonné qu'il n'en soit parlé dans aucun ouvrage, je dis dans aucun, parce que j'en ai lu beaucoup, et il y en a peu qui m'aient échappé.

Cependant j'ai vu nombre de ruches détruites par cet accident, le remède est bien aisé; il consiste à enlever tous les gâteaux infectés; mais presque tous les hommes qui se mêlent de tailler les ruches, sans avoir appris, n'y connoîtront rien du tout; je les invite à venir chez moi recevoir quelques leçons; j'invite aussi les propriétaires d'abeilles à ne laisser toucher leurs ruches que par ceux qu'ils connoîtront pour être bien instruits en cette partie.

Quelques jours après, j'ai montré plus amplement la taille de la cire dans une vieille ruche qui n'avoit pas été coupée au mois de mars; j'ai fait voir la fausse teigne qui commençoit à s'y introduire et les poux qui se mettent aux abeilles à cause de la vieille cire; la reine avoit péri faute de couvain. J'ai fait passer les abeilles dans un second essaim qui étoit sorti du même jour; si la cire eût été bonne, je leur aurois mis un gâteaux de jeune couvain dont elles se seroient fait une reine, je l'ai déjà fait et j'ai réussi. Il y en a qui disent qu'il faut mettre un petit essaim à ces sortes de ruches, mais cela ne vaut rien, parce que souvent les mouches de la vieille ruche tuent la reine de l'essaim, cela m'est arrivé cette année.

Depuis quatre ans je m'occupe exclusivement d'abeilles, j'ai visité et observé plus de huit cents ruches. Dans toutes celles dont le travail étoit vieux, j'ai trouvé des poux qui se placent sur le corcelet de l'abeille; ils sont de couleur rouge et multipèdes; la reine n'est pas exempte de cette vermine; des ruches ainsi malades ne laissent plus d'espérance. Je fais passer les reines dans une ruche vide, ce qui forme un essaim factice ou artificiel, on ne peut même en faire d'autres dans nos cantons; la forme de nos anciennes ruches et celle de nos ruchers ne le permettent pas; les ruches sont trop près l'une de l'autre.

Les derniers jours de juin, j'ai déjà levé des capotes pour faire voir la manière facile d'en chasser les mouches; il s'en est trouvé qui contenoient du convain, je les ai remises sur des vides avec des planches percées vis-à-vis le trou de la capote, pour le passage des abeilles. Quand je lève une capote, je la renverse sens dessus dessous, et j'en abouche une vide dessus pour y faire monter les abeilles ; avec un petit bâton je frappe doucement contre la pleine, en soufflant avec la bouche le long des rayons pour faire monter les abeilles, parce qu'elles n'aiment pas sentir le souffle. Je ne me sers jamais de fumée pour les capotes, cela peut donner mauvais goût au miel, le ternir et le noircir. C'est l'affaire de dix minutes pour faire monter toutes les abeilles, excepté parfois quelques - unes qui parcourent les rayons, mais qui s'en vont bientôt.

Il faut avoir soin de remettre ces abeilles là où on les a prises, parce que la reine peut s'y trouver, surtout s'il y a du couvain. Cela m'est arrivé encore cette année, ainsi que, d'ailleurs, je m'y attendois. Après les avoir fait monter dans la capote vide, j'ai renversé les abeilles pour les éparpiller, et, de suite, j'ai aperçu la reine et l'ai fait voir à la compagnie. Il seroit mieux, quand on a de la place, de laisser les capotes jusqu'à l'automne, quelquefois il n'y a pas une abeille dedans.

Voilà le cours fini ; beaucoup de personnes n'ont pas le temps de venir dans l'été pour apprendre à faire les ruches, je les invite à venir dans l'hiver et dans quel temps elles voudront, je suis toujours à leur service, et prêt à leur transmettre mes foibles connoissances. Le cours de l'année 1826 a commencé le vingt mai, et a fini le trente juin suivant.

Voici juillet où il y a le moins à faire aux abeilles, c'est le temps où elles tuent les mâles. Dans août, à la montagne, il faut examiner ses ruches pour voir s'il n'y en a point de mauvaises, ou qui craignent le pillage. Si l'on en voit qui n'aient pas du tout tués les faux-bourdons ou mâles, et que toutes les autres ruches les aient tués, il faut s'en défaire; c'est autant de pris sur l'ennemi. Ce sont des ruches qui ont donné plusieurs essaims, et il ne reste qu'une jeune reine qui n'a pas été fécondée à temps. M. Hubert de Genève prétend que si une reine n'est pas fécondée dans les quarante jours après sa naissance, elle ne pondra que des œufs de mâle, et il a remarqué que cette opération se fait dans les airs, dans quelle saison que ce soit. Si l'on voit que les ouvrières ne vont presque pas au champ, qu'elles ne rapportent rien à leurs pattes et qu'elles restent à l'entrée de leur niche presque sans bouger, et si, quand on frappe contre la ruche elles ne font point ou peu de bourdonnement, et ne viennent point à la défense, alors il n'y a point de reine, ou il n'y en a qu'une mauvaise; il faut la faire périr. Les abeilles des autres ruches, et même celles du voisinage connoissent ces mauvaises ruches, et, quand elles ne trouvent plus rien à la campagne, elles vont pour les piller. Plusieurs personnes l'on remarqué en leur jetant de la farine dessus quand elles sont au pillage, et les ont vues rentrer dans les ruches de leur voisin, toutes blanches. Il est rare de voir une bonne ruche succomber au pillage; j'en ai déjà bien vues, mais jamais je n'y ai trouvé de couvain, excepté du couvain de mâle. Il est presque aussi essentiel d'examiner, de visiter ces abeilles dans ces temps-là, que du temps des essaims; je parle toujours pour les mois d'août et septembre, mais il n'est pas besoin d'y rester toute la journée, un moment vers midi suffit pour voir si ses ruches sont toutes en bon état. J'ai vu des personnes si négligentes qu'elles ne voyoient que leurs ruches étoient perdues et pillées, que quand les vers et les souris s'étoient déjà emparés de toute la cire; les abeilles de ces mauvaises ruches se voyant sans provisions cherchent à entrer dans les autres ruches, et, si elles n'en trouvent point de foibles, elles s'en vont toutes à la fois chercher fortune ailleurs. Ce sont ces abeilles là que l'on nomme les Roubières. Combien il en coûte aux bonnes ruches pour se défaire de toutes ces mouches! Elles font un ravage terrible dans ces pays-ci, surtout les années où il y a eu bien des essaims. Il suffit d'une mauvaise ruche dans un village, qu'on ne détruira pas, pour déranger toutes les autres, et cela tellement que, pendant qu'elles sentent des voleurs, elles ne vont presque pas au champ, et ne font rien que de se tenir en garde pour se défendre. Il se fait encore du pillage au mois d'avril, mais pas si fort qu'à ceux d'août et de septembre; ce sont toujours des mauvaises ruches qui n'ont pas de reine, ou que l'on nourrit sans précautions. Si l'on a l'imprudence de donner à manger à une seule ruche ou à deux, dans la chaleur du jour, sans les bien fermer, les abeilles des autres ruches sentent, parce qu'elles ont l'odorat très-fin; puis, elles vont pour manger dans les premières, surtout si on leur met du miel coulé, ensuite elles se battent et se détruisent en grand nombre. Il est donc à propos de ne se garder que de bonnes et fortes ruches; pour une mauvaise, encore une fois, que l'on voudra conserver, on mettra toutes les autres en déroute; on tire plus de revenu de six bonnes ruches que de douze médiocres.

Octobre et novembre, c'est le temps où il faut peser les ruches pour voir celles qui n'ont pas assez pour passer l'hiver; il faut laisser des capotes de miel sur les vieilles ruches quoi qu'elles seroient encore pesantes, parce que le miel peut se trouver grené et la cire remplie en partie de rougeole ou faux pôlen, ce qui fait que l'on est trompé à la pesanteur. Au printemps la reine est bien aise de venir pondre dans cette jeune cire, et souvent c'est là qu'elle fait la cellule royale; cela

est principalement pour ceux qui ne renouvellent pas
la cire au printemps pour les essaims de l'année. La cire
pèse une ou deux livres au plus par ruche, et cinq à
six livres les mouches; et quand on connoît la tare de
la ruche, il est bien aisé de savoir combien elle a de
miel. Il faut au moins six livres de miel pour passer
jusqu'au mois de mars. Le procédé le plus facile pour
donner de la nourriture aux essaims non approvisionnés,
seroit d'ajouter à la ruche une capote de miel, pourvu
qu'il y eût une très-grande ouverture pour établir une
facile communication entre la capote et la ruche, afin
que les abeilles puissent dans les plus grands froids aller
en groupe s'approvisionner. Il est également facile d'ali-
menter les abeilles avec un miel liquide dont on remplit
des rayons vides, que l'on pose orizontalement sur le
tablier, ayant grand soin d'enlever tous les matins ces
rayons qui ne doivent rester dans la ruche que pendant
la nuit, à cause du pillage. J'en excepte le cas des froids
où les abeilles ne sortent point. La dose de miel doit
être calculée sur les besoins; trop d'abondance leur seroit préjudiciable, la mère ne pourroit pas pondre abon-
damment si les alvéoles étoient remplis de miel. Deux
ou trois livres suffisent pour les mois de novembre, décembre et janvier; aux mois de février et mars on peut
en donner, parce qu'à cette époque le couvain demande
beaucoup de nourriture. Il n'y a point d'inconvénient
à leur en donner tout à coup une moyenne provision ;
il est au contraire avantageux de fournir à une ruche
tout ce qu'il lui faut dans un même jour, sans être
obligé d'y revenir souvent, c'est le meilleur procédé;
j'en ai nourri de la sorte plus de six mois avec des rayons
remplis de miel liquide. Les mouches ne s'engluent
point, peuvent manger beaucoup à la fois, et replacer
incontinent le superflu dans leurs magasins. On évite
par ce moyen le grand désavantage de revenir souvent
à une ruche dans les grands froids et dans un temps dont
l'air extérieur pourroit préjudicier au couvain; puis,
en un jour, l'on met en état plusieurs ruches qui de-

manderoient habituellement des soins. Au printemps, l’on peut mettre un quart de bon vin cuit avec le miel, mais non à l’automne, parce que le peu qu’on leur donne de miel dans ce dernier temps est destiné à être mis en magasin par les mouches, et que le vin le gâteroit et feroit tout périr.

Décembre et janvier, c’est le temps où elles sont engourdies; il est difficile d’indiquer à tous les propriétaires d’abeilles la manière de les arranger dans ces temps critiques, parce que, les uns ont des ruchers bien abrités, les autres en ont en pierres, qui ne valent pas ceux en bois; d’autres en ont qui sont tout en désert, à peine les ruches sont-elles à couvert. Je dirai donc, en général, que, pour les derniers, il n’y a pas besoin de tant d’ouvertures pour donner de l’air, étant à tous les vents, ils en ont toujours assez, bien souvent trop, surtout au printemps; mais, pour les ruchers bien bouchés de tous côtés, il ne faut pas manquer de laisser beaucoup d’ouvertures pour donner de l’air, surtout aux fortes et vieilles ruches. Quand aux essaims qui ne sont pas tout remplis, il ne faut pas qu’il y ait tant de jour, mais il faut un autre soin et un grand soin, c’est que les ouvertures ou l’entrée qu’on laisse pour donner de l’air, ne soient que de deux lignes de hauteur, mais de telle longueur que l’on voudra. Je conseille même de la faire tout autour de la ruche, en y mettant des petits coins de bois, pour la supporter, de deux lignes seulement d’épaisseur, de distance en distance, parce que dans l’hiver les souris et les mulots rodent sans cesse autour des ruches pour chercher à y entrer, surtout pendant les grands froids que les abeilles sont engourdies, et que, s’ils peuvent entrer ils les dévorent et les détruisent en peu de temps, car ils en sont très-friands. Je conseille à tous les propriétaires d’abeille de leur faire la guerre à quelque prix que ce soit; il n’est pas un rucher où les souris ne détruisent quelques ruches pendant l’hiver, et ne coûtent une multitude immense d’abeilles qu’elles surprennent et dévorent. J’éprouve bien de la peine, quand, taillant les ruches au printemps, j'en trouve où les souris ont rongé toute la cire et mangé une partie des abeilles, il est rare que les ruches prospèrent; quelquefois les souris y périssent, j'en ai déjà trouvé dans plusieurs, mais ce n'est que quand elles y entrent dans les temps doux, qu'elles se trouvent quelquefois attrappées par les abeilles: elles ne peuvent jamais entrer dans mes ruches, je ne coupe pas la paille pour faire l'entrée, j'entaille le foncet ou tablier de deux ou trois lignes de profondeur, sur quatre pouces de largeur en mourant en dedans, et, à l'hiver, si je veux que mes mouches ne puissent pas sortir je retire la ruche en arrière jusqu'à ce qu'elles ne puissent pas sortir, mais qu'elles aient toujours de l'air; il y a des moments où l'on est obligé de les emprisonner, surtout au printemps, quand il revient des jours de neige, et que le soleil est déjà fort. Il faut les empêcher de sortir, afin qu'elles ne se perdent pas dans la neige, mais non pas dans un autre temps; il faut encore laisser ouvert par-dessus, pour que les vapeurs de la ruche sortent et que l'air s'y renouvelle et ne suffoque pas les abeilles: étant bien aérées, elles se serrent l'une contre l'autre dans l'état d'assoupissement, et ne consomment presque rien de leurs provisions. Il faut donc, pour empêcher ces animaux gloutons d'entrer dans les ruches qui sont coupées pour l'entrée, mettre une petite plaque de fer blanc ou de tôle percée à si petits trous qu'une abeille ne puisse pas y passer la tête, et la bien clouer en laissant toujours deux lignes dans le bas pour la liberté et le passage des abeilles. Quant aux fortes ruches, il faut encore laisser ouvert par-dessus en suivant le même procédé que pour l'entrée, ou laisser une capote qui joigne bien. Le meilleur seroit d'avoir des treillis en fil de fer mince, et les bien attacher sur le tronc. Pour ceux qui les rentrent dans les maisons, ils doivent avoir soin de les mettre dans un endroit sec, très-obscur et non habité, en observant toujours ce que je viens de dire ci-devant. C'est une grande folie de ne laisser qu'un petit trou à une forle ruche, pour lui donner de l'air : elles sont dans le mal-aise les jours de douceur, elles sortent et se perdent, ou, si elles ne peuvent pas sortir, c'est encore bien pis, il en périt qui bouchent le trou, et tout le reste étouffe. Quand je propose de donner beaucoup d'air aux abeilles pendant l'hiver, ce n'est pas sans être fondé par l'expérience et par des autorités; il faut encore ne pas trop fréquenter les ruchers pendant l'hiver, parce que cela les réveille et les fait manger et sortir pour se perdre. Il est cependant bon d'aller, de temps en temps et doucement, dans le rucher; s'il est bouché par-devant, comme il doit l'être, on frappe un petit coup avec le doigt, et si elles font un bon bourdonnement c'est bon signe, elles se portent bien; il ne faut pas faire cela dans les grands froids, parce qu'on ne les entendroit pas. La présence des poules est très-nuisible aux ruchers; j'ai remarqué que les ruchers qu'elles fréquentent ne prospéroient pas. Un auteur dit que les poux des poules s'attachent aux abeilles. Les abeilles aiment beaucoup la propreté; il faut tenir les ruchers bien propres, ne rien mettre dedans, et alors les souris ne peuvent pas s'y nicher, ni se cacher, non plus que tant d'autres insectes qui sont toujours des ennemis des abeilles. Il faut toujours bien nétoyer aussi par-devant; M. Lombard ne laissoit pas un brin d'herbe vers ses ruches, tout est sablé et bien propre, et si le vent abat les abeilles à leur retour des champs, elles peuvent au moins se relever aisément. J'oubliois de dire que je mets une petite anse aux ruches bien pesantes et bien remplies, de trois ou quatre pouces de hauteur dans le bas, sans les tuter, afin que l'air puisse y circuler et se renouveler. Dans cet état, mes ruches passent l'hiver sainement; il faut de l'air aux ruches, mais de l'air sec et chaud et non point humide. Il m'est facile de faire des anses quand mes ruches sont toutes du même échantillon et montées sur un même plateau; il ne s'agit que de soulevr la ruche, et, à l'aide d'une personne, de mettre l'anse à la place; cela joint comme si c'étoit la même ruche. Je conseillerois à tout le monde de le faire si chacun avoit des ruches toutes du même échantillon, quoique l'on puisse en faire de tous calibres, mais plus difficilement.

Février et mars, voici les dégels, les vapeurs qui se sont exhalées et qui s'exhalent tous les jours; des abeilles donnent quelquefois une humidité telle que l'eau coule et tombe sur les tables. Dans cette circonstance, il faut déplacer doucement les ruches et les essuyer afin de prévenir la moisissure. Cela arrive aux ruches qui ont bien du miel; le miel fermente pendant l'hiver; il se fait par-dessus des gouttes d'eau qui tombent dans les dégels sur le foncet et sur le chenil, et les abeilles mortes, et cela fait une pourriture complète si on n'a pas soin de les nettoyer.

Il y en a qui disent, les abeilles se nettoient bien : oui, quelquefois, s'il vient des beaux jours, des temps doux; mais combien leur faut-il de temps? et, encore, si cela est déjà moisi et colé ensemble, elles n'y peuvent rien, et cela fait une retraite pour nicher la fausse teigne. C'est par expérience que j'en parle; combien n'ai-je pas vu de ruches, en les visitant au mois de mars ou avril, où ce chenil, cette poussière, étoient remplis de vers qui se communiquoient déjà à la cire? Ces vers de teigne forment une toile d'araignée dont les pauvres bêtes ne peuvent pas se débarrasser. J'invite donc tous les propriétaires d'abeilles à les visiter et les nettoyer les premiers jours qu'elles iront au champ. Chacun peut faire cela en attendant quelqu'un d'instruit pour les tailler, si on ne veut pas le faire soi-même. Ceci demande beaucoup d'attention; on ne peut pas apprendre soi-même, ni par les livres; il faut voir faire l'ouvrage, et se faire montrer toutes les choses dont les abeilles se forment pour pouvoir faire cet ouvrage comme il faut; c'est la chose la plus difficile de toute la culture des abeilles; aussi beaucoup ne les touchent pas, ou ils se découragent parce qu'ils n'ont pas bien réussi; d'autres fois ils les ont fait châtrer par des hommes qui n'y connoissoient rien et qui ont massacré leurs ruches. Il faut faire cette opération dès que l'on voit que les abeilles rapportent bien à leurs pattes dans les jours de beau temps des mois de mars et avril, et déjà de février dans les pays précoces.

Maladies des Abeilles.

La dissenterie en est une mauvaise ; elle se prend quand les abeilles ont de la mauvaise nourriture, comme du miel piqué et aigre, soit qu'on le leur donne tel, soit qu'il se gâte dans leur ruche alors qu'elles sont dans l'humidité. Quand elles sont attaquées de cette maladie, qu'on reconnoît à ce signe que les mouches se vident contre les parois de leurs ruches, et même à l'entrée jusqu'en dedans, il faut faire du sirop avec de bon vin vieux et du sucre ou du miel, et leur donner à manger dans la cire comme je l'ai indiqué ; il seroit bon d'en donner à toutes les ruches, les premiers jours qu'elles sortent, cela les fortifie beaucoup. J'ai déjà parlé de la rougeole causée par le trop de polène qu'elles apportent à leurs pattes quand il n'y a pas assez de couvain pour le débiter ; les ouvrières le déposent dans les alvéoles, il s'y durcit et se gâte. Il faut faire attention au moment de la taille de la cire pour enlever tous les gâteaux qui en sont infectés. J'ai parlé des poux qui s'attachent au duvet des abeilles et qui proviennent de la vieille cire, de la fausse teigne qui est faite par des papillons gris à tête de mort ; ils s'introduisent dans les ruches le soir, à la brune, et déposent leurs œufs ; ces œufs se forment en vers blancs qui filent dans la cire et laissent une espèce de toile d'araignée dont les mouches ne peuvent pas se débarrasser sans enlever la cire à l'endroit où ils sont. Ils sont plus communs dans les pays-bas que dans la montagne, et les ruches qui sont près des maisons en sont plus attaquées que les autres. J'ai vu, à Salins et à Arbois, des ruches où les gâteaux de cire étoient presque tous criblés de grands trous comme le pouce, que les mouches avoient été obligées de faire pour

se défaire de ces vers de teigne, et comme elles ne peuvent pas raccommoder ces trous là, c'est autant de place
perdue. Quelques personnes croient qu'elles font ces
trous exprès pour des passages, mais elles se trompent;
il faut au printemps ne laisser qu'une petite entrée et
les tenir chaudement, afin que les abeilles puissent se
tenir à l'entrée pour faire la sentinelle et empêcher les
papillons d'y entrer. On connoît quand une ruche en
est bien attaquée, par la poussière de la cire qu'ils font
tomber, en la mangeant sur le tablier; le remède est
d'enlever toute la cire qui n'est pas occupée par les
mouches.

Il y a encore des maladies générales qui proviennent
des hivers humides, et auxquelles il est difficile de
parer. Cependant, je crois que les ruches bien renfermées
dans un bon rucher, mais toujours bien ouvertes pour
avoir de l'air, sont celles qui craindront le moins les
maladies.

Il ne suffit pas aux propriétaires d'avoir des ruches;
un bâtiment ou une enceinte quelconque deviennent
nécessaires pour les y placer. Dans plusieurs cantons,
dans des provinces entières on place les ruches sur des
piquets plantés en cimetière dans un jardin, dans un
clos. M. Lombard a construit, à cet effet, des massifs
en plâtre qui portent leur piquet, afin de pouvoir chan-
ger de position une ruche qui le demande. Le lieu, le
goût et le climat peuvent décider entre l'usage de ce
rucher et ceux en bois dont voici la plus commode con-
struction. On doit choisir un emplacement à l'abrit des
vents qui régnent le plus fréquemment dans le pays,
et surtout du nord, l'exposition doit être entre le levant
et le midi; le rucher ne doit avoir que trois étages; il
faut qu'ils soient bien bouchés sur le derrière qui se
trouve du côté du nord, parce que cet air là est toujours
froid et contraire aux abeilles; par devant il faut qu'il
y ait des volets brisés en deux, pour la faculté de les
ouvrir afin de mettre les ruches au soleil dans tout le
printemps; l'été on rabat un volet pour les tenir à

l'ombre seulement dans les jours de grande chaleur; l'hiver on baisse les deux volets, et les ruches se trouvent bien abritées et garanties de tous les mauvais temps. Le rucher départemental que j'ai fait faire, ne laisse, quand il est fermé, aucun accès aux souris. Il faut aussi que les traits qui portent les ruches soient assez écartés pour qu'une ruche puisse passer entre, ou qu'il soit assez élevé pour permettre le placement, au besoin, de deux ou trois ruches l'une sur l'autre; il faut avoir soin encore de faire des fenêtres où l'on met des volets et non des vitrages, pour donner de l'air dans les grandes chaleurs, et pour renouveler l'air quelquefois dans l'hiver. J'ai remarqué que tous les ruchers où l'on ne peut pas mettre les abeilles au soleil, ne vont pas si bien que les autres qui offrent cette facilité. Il est bien aisé de comprendre que si le soleil donne contre les ruches au beau temps, cela les échauffe, et elles n'ont pas besoin de se tenir en si grand nombre dans la ruche pour maintenir la chaleur nécessaire au couvain; ce sont des ouvrières de plus qui vont au champ pour butiner. D'ailleurs je n'ai pas besoin de m'étendre davantage sur les ruchers; ceux qui voudront en construire pourront venir voir le rucher départemental que j'ai bâti à Champagny, près Salins, et que je crois être dans le premier goût et de la meilleure manière. Je le répète encore, je supplie les propriétaires d'abeilles qui ne peuvent assister à mon cours d'instruction, de venir en hiver, je leur montrerai à construire une ruche, et tâcherai de les rendre habiles dans l'exploitation et les soins des abeilles.

FIN.